我的自然笔记+

多彩植物

（韩）崔寿福　著
（韩）郑淳任　绘
崔雪梅　译

辽宁科学技术出版社
沈阳

目录

哦，植物是
会移动的哟！

第1章

如果你从未想过植物也是会移动的，那今天你就

会大吃一惊的！

下面我就给你讲讲：

总是向着阳光旋转的脑袋；

随着温度变化而移动的花瓣；

哪怕是轻轻的碰触，也会瞬间卷曲叶子……

这些惊人的植物吧！

我喜欢的植物

　　你们平时都喜欢玩什么啊？我小时候，最喜欢玩过家家了。一到家，就把书包抛在一边儿，一溜烟儿跑到游乐场去了。在那里和伙伴们一起玩过家家游戏，我们最拿手的，是用采集来的各种植物摆成非常丰盛的一桌菜。

　　把凤仙花花瓣和叶子碾成碎末，来腌成美味可口的泡菜，再把一年蓬花瓣，一片片地摘下来，做成香喷喷的煎蛋……抓一把流苏树的花瓣放在碗里，把它想象成一碗冒着缕缕清香的白米饭。

　　我只要一有时间，就拿植物玩耍。就这样，久而久之就知道了植物的各种秘密。所以，今天我想给你讲讲这些植物们的秘密。嗯，从哪儿开始讲起比较好呢？好吧！就从会移动的植物开始讲起吧。

总是向着阳光旋转的脑袋！

有一年冬天，我的肚子饿得咕咕叫了，所以想找些土豆蒸着吃。找了很久，终于在我家阳台的一角，找到了几颗冬储的土豆。但令我失望的是，这几颗土豆上都长芽了。长芽的土豆是有毒的，绝对不能吃。即使非吃不可，也要把长芽的部分挖掉之后才能吃。所以，我决定干脆把这些土豆种在花盆里。

首先要避开芽眼，用刀将土豆小心地切成块儿。然后把它种在小花盆里，大概过1周，土里面就会长出绿绿的

种土豆的方法

在避光通风处放置1~2周，在凹进去的部位上就会长出芽来。

在保留2~3个萌芽的基础上，将土豆切成适当大小的块儿。

将土豆的切面向下，种在花盆5~10厘米的深处。

因为我们种的是已经发了芽的土豆，所以只需等上1周左右的时间，就会看到它长出的绿苗了。

10

小苗。我想让它长得更快一点，就把已经长出小绿苗的土豆花盆放在了充满阳光的窗边台上。

有一天，我忽然发现土豆苗竟然都向着一个方向低头了！好像它们都约定好似的，齐刷刷地都冲着阳光照进来的方向生长。

所以我又把茎弯曲的背面掉转过来，放在了面向窗户的方向。一周以后，我又惊奇地发现，那些土豆的茎，又转向了相反的方向。这些小土豆的茎，竟然能这样准确地找到阳光照射的方向，会向着阳光转头！这就叫作植物的趋光性。

妈妈，你快看，土豆茎的腰都弯了。

在茎上发芽的土豆

你不觉得什么地方有些不大对劲吗？别的植物大部分都是种了种子才长芽，但土豆却是种完土豆才长芽。

其实，土豆是属于茎的一部分。所以，这种现象叫作茎上发芽。这时候用作种子的土豆叫作种子土豆。

近年来，科学家们经过潜心研究，发明出了一种叫作组织培育的栽培新技术。具体的方法是，取下土豆的芽眼后，先对它进行消毒，让它直至达到无菌的状态，再在无菌状态下使其发芽，造出一个完全健康的土豆。利用这种技术产出的种子土豆，一开始的大小虽然跟黄豆粒一样，但它们的后期产量很高。所以，这种方法目前作为以高产增收的方式来解决粮食紧缺问题的最佳方法被广泛推广。

种子土豆，是指用来做种子的土豆。土豆是要重新种植才能生产的农作物。
组织培育，是指取下生命体的组织后，在人工环境中进行培育。多用于科学研究。

人工种子土豆组织培育方法

取下土豆的芽，在无菌状
态下进行消毒。

再把土豆的芽，放入无
菌状态的容器内使其萌
芽。

等到这个萌芽长到一定程度
后，我们就要准备把它移到
一般的土壤里进行种植了。

在小花盆里盛上土
并充分浇水。

从容器中拿出土豆芽，用水
将根部附着的物质洗净后，
一个一个地小心种植在准备
好的花盆里。

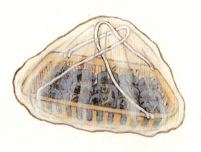

在篮子上挂上铁丝做成架棚，
盖上塑料，做成简易温室。这
样小土豆芽就不会干枯了。

13

哦，哪怕只有一缕阳光！

说着会移动的植物，突然又说到人工种植土豆上去了，我的话有些长了吧？好了，下面就让我们言归正传吧！

如果想了解植物们为什么要向着阳光的方向生长，我们不妨利用种植扁豆的方法，进行进一步的观察。我们首先要在器皿里放上已经充分浸了水的棉花或手纸，然后在上面放上扁豆。当然要放在温暖适宜的地方。扁豆需要充足的水分才能发芽，所以千万不要忘记勤浇水哟。

几天后，我们就会发现，在扁豆的芽眼上已经长出了小根芽。这时，我们就要及时地把它移植到花盆里面去了。切记培土不能太厚，只需大概1厘米厚就可以了，还要把水浇透，然后我们就要耐心地等待了。

根据种植条件的不同，芽的生长速度也会略有不同，但大部分都会在5天左右萌芽。子叶长出来后，我们还要

扁豆的一生

从种子上长出了可爱的小根。

褪掉表皮后的它，让我们看到了2片子叶。

不久，子叶中间就会长出真叶来。

及时地把它放到通风良好而且阳光充足的地方去。

　　这时，我们就能看到扁豆的茎，无依无靠地向阳光弯腰生长。无论面向哪个方向放置，它也会重新向着阳光"弯腰敬礼"。

　　这就是植物向着阳光生长的本能的趋光性。虽然植物会自己制造营养成分，但是制造营养成分就一定需要阳光。这就叫作光合性。对于光合性，我会在其他章节给你做更详细解释的。

当叶子与茎在苗壮成长到一定程度时，就会开出花朵，当花朵自然衰败后，就会在那个位置上长出长长的豆荚。

郁金香开花啦!

随着温度变化而移动花瓣的郁金香

　　植物们的移动，难道就没有其他原因吗？那么，就让我给你先讲个挺有趣的故事吧。

　　有一年3月，妈妈曾买过一大束郁金香，其中有一些含苞待放的，目的是想仔细看看鲜花盛开的过程。我把它放在客厅之后，仅仅是去厨房刷碗的工夫，回来就发现，刚才还是含苞待放的那些花都争相绽放起来了。当时感觉就好像是在看一场神奇的魔术表演。后来我才知道，原来郁金香有非常敏感的感热性，会随着周边温度的变化而收缩花瓣。所以，当我把郁金香从温度偏低的室外拿到温暖的室内，它当然就一下子绽放了。

真有那么神奇吗？这很容易验证。我们只要做一个简单的试验就能确认了。首先，要准备一盆正处于绽放状态下的郁金香。然后把花盆放在装满了冰、温度在-10℃左右的容器里，只需在一旁静静地等一会儿。当然，一定要用透明的塑料将它包裹起来，防止里面的冷空气跑出去。你猜，花会变成什么样子了呢？

"我发现郁金香的花瓣收缩了。"

没错吧！那么，这次就让我们采用相反的形式，再来做一次实验吧！把刚才那盆花瓣已经呈收缩状态的郁金香，放到30℃左右的温暖房间里。这下，你会看到花瓣又重新绽放。郁金香就是这样，当周边的温度升高的时候，它的花瓣就会绽放；相反，当周边的温度降低时，它的花瓣就会收缩。这就叫作植物的感热性。对于貌似无法移动的植物来说，这很神奇吧？

当周边的温度在降低时，它的花瓣就会收缩。

当周边的温度在升高时，它的花瓣就会绽放。

会做动作的植物，含羞草

我们在讲到会做动作的植物时，有一种植物不能不讲，那就是含羞草。

当你用手指去轻轻触碰张开状态的含羞草时，就会发现它的叶子会瞬间蜷缩，茎也会迅速向下低垂。这你就该知道含羞草英文为什么叫作"sensitive plant"了吧？"sensitive"，就是指敏感的意思。

"但是，含羞草为什么一碰就会蜷缩叶子呢？"

那是因为，喜欢吃含羞草嫩叶的昆虫实在是太多了。如果自己身上的叶子都被吃光了，植物不就无法存活了嘛？所以，一旦有昆虫们落在自己身上，含羞草就突然来个收缩卷曲的动作，把它们吓走。

一旦触碰到含羞草的嫩叶，它就好像我们人类因害羞而感到不好意思时的样子，蜷缩起叶子，茎也会向下低垂。

南瓜的卷须也像含羞草一样，会随着所接触到的物体而改变形态。它的卷须会顺着所接触到的物体方向做缠绕动作。南瓜卷须做这一圈的缠绕动作，就需要1小时30分钟左右。这么长的时间，我们可能会觉得很慢，但从植物的角度上看，这已经算是很快的速度了。

南瓜卷须这样紧紧顺着架棚盘绕着生长，可以让它抵御狂风袭击，很好地支撑自己的身躯。据说每个小卷须都能支撑大约500克的重量呢！

小卷须们个个都长得像弹簧一样弯曲，这也是有原因的。这是为了便于在强风下自由伸缩卷须的长度。这样一来，刮再大的风，小卷须们也不会轻易断掉。

弯弯曲曲的。

像烫了发一样，是吧？

倒像是煮熟的拉面？

哈哈！

南瓜的卷须

想让它发芽，都需要些什么呢？

我们想让种子发芽，就一定需要适量的水，适宜的温度与空气。在这三种必要条件中，哪怕有一个条件不符合，种子也不会发芽。你问我，种子发芽的时候，难道就不需要阳光吗？不是必要的。那么，养分呢？养分也不是必要的。这是因为，在种子里已经有了发芽所需的充足的养分。

植物为什么向着有光的方向生长呢？

植物中含有叫作生长素的激素。它来自生长活跃的植物茎和根末端，有促进植物细胞生长的功能。另外，生长素受到阳光刺激，会向光的相反方向移动。所以，能接受到光那边的茎，就会长得少，反面就会长得多。这就是植物的茎向着阳光方面弯曲生长的原因。

种植藤蔓植物

大部分藤蔓植物的生长速度都比较快，而且还长有吸盘一样的吸附根，所以很容易粘在其他物体上。近来，我们把这种藤蔓植物也广泛应用在美化环境方面。其中非常常见的就是把能爬到建筑墙面上的喇叭花藤蔓当作家居装饰中的天然窗帘等。利用藤蔓植物装饰的天然窗帘，既能节约能源，

又能给人以视觉上的享受。不仅如此，据说还能对平复人们的烦躁情绪有很大的帮助。

吃了发芽的土豆会怎么样呢？

土豆芽里有一种叫作"茄碱"的毒素。一旦中毒，可引发腹泻、腹痛、呕吐、发热等症状，严重者可导致人的死亡。但是如果把土豆发芽的部分挖掉之后再食用的话，是绝对没有问题的。目前，这是一个早已众所周知的道理，所以现在因吃发了芽的土豆生病的人较为罕见了。

植物
今天也很忙！

第2章

你还不知道，植物们都在不分昼夜地
努力工作吧？
植物们的叶子、茎、根，它们都有自己的分工，
而且很会各司其职。
我们一起去问问那些植物吧。
"植物啊，你们都在忙些什么呢？"

植物啊，你是谁呢？

知道洋槐树吗？每到5月份，满树就开起了白色的花朵，一股股沁人肺腑的清新花香扑鼻而来。我从前很喜欢拿洋槐树的叶子玩的。就是那种，和小伙伴们一起，每人手里拿着一枝排列整齐的洋槐树枝，以剪刀、石头、布来决出胜负之后，赢了的人就可以摘下一片树叶，看谁能最先摘光。

捉迷藏之前，选定捉人者的时候；或玩过家家游戏时选定最有人气的妈妈；又或者面前只有两架秋千，大家都争着抢着想要玩儿，但都不想按秩序排队等候时；我们就一定会直接采用这种游戏来决出先后次序。

后来，在生物课上学到原来植物们是用叶子来呼吸的知识。我很是后悔啊！自己从前就那么随意地摘掉了多少树枝和树叶啊！那每一根、每一片，可都是给大树提供粮食的工厂啊！对整棵树来说，不单是它的树叶，还有它的根部、茎部等，它的每个部位都有各自的具体分工，而且还都在不分白昼黑夜地辛勤忙碌。这是多么让人感叹和惊奇的一件事情啊！

从现在开始我要给你讲叶子、茎和根，它们都是怎样在辛勤劳作的故事了。所以可要听仔细哦！

去告诉她吧！

我们给你加油！

25

根啊，你在做什么呢？

　　电视里经常报道：近年来，因暴雨和强降雨所造成的泥石流灾害逐年在增加。每当此时人们纷纷议论，都是因为人类需要砍伐大量树木来搞开发建设，这样就造成了大面积的水土流失，最终直接引发人为的自然灾害。这么说是有根据的，等你了解了树根的作用后，就会完全理解了。

　　植物的根能使植物在地上直立，起到支撑的作用。植物的根系越长，就越能向地下伸展，抓牢地面上的土壤。所以说，如果某座山上树木林立的话，树根就会牢牢抓紧那一片土地，那座山上的泥土就不会被雨水冲刷，可以很好地起到防止泥石流等自然灾害的作用了。

　　通过简单的试验，让我们来了解一下根系的作用吧。
正好家里有洋葱，我们就用洋葱来做个试验吧！

　　先准备好2只盛水的杯子。这一边把沾在根系上的泥
土洗干净后放进去，再把剪掉根系的洋葱放入另外一只杯
子里。下面就要由我们来观察，在一段时期内，这两只杯
子里的水位高度，会发生怎样的变化。

　　"呀，有根系的这一边，水量明显变少了。"

　　是的，看到这个结果我们就可以知道，根系是有吸收
水分作用的。植物的根系在吸收水分的同时，也吸取了土
壤中的养分，所以植物们才会茁壮地成长。特别在对缺水
地区生长的植物们来说，它们可以把自己的根系，足以伸
展到地下5~6米的深处来吸取水分，特别厉害吧？

茎啊，你在做什么呢？

　　那么，从根系当中吸取来的水分都去哪儿了呢？它们通过茎里面的通路输送到叶子上了。通路长什么样子？你只要把茎横着剪断，再仔细观察的话，就可以看到里面分布着一个个细小的小孔。这就是植物传送水分与养分的通路。传送水分的通路叫导管，而传送养分的通路叫筛管。它们的模样长得就像长竹管。

通过简单的试验，我们就可以了解那些根系是怎样通过导管来输送水分的。

先把百合放在染红的水中之后，等过了3~4小时后，原本是白色的百合花，就会逐渐变成红色。这就说明，染红了的水分已经传输到花瓣上面去了。这时把百合的茎横着剪断，然后用显微镜来仔细观察其横断面，就能看到被染红的部分，有好几个呈散开状的东西，那就是导管。

"我想亲手制作一束蓝色的百合花。"

这有何难？你只要把一束百合放入染成蓝色的水中就可以了。随着时间的推移，它就会逐渐从浅蓝色变成深蓝色。

其实，我从前也不知道这个道理。有一次，无意中发现被我插进洗毛笔的水杯里的花突然变成很奇怪的颜色才知道。当时，我真的被吓了一跳！

百合茎的横断面和竖断面
导管的形状不是聚集在一起的，而是不规则地呈散开状的。

茎的里面会是什么样子呢？

让我们用白色的凤仙花来做一次试验吧！

首先跟百合花一样，把凤仙花的茎剪断，然后放进染红的水中。随着时间的推移，红色的凤仙花就会神奇地诞生。这时，我们如果将凤仙花茎横向剪断，就会看到，它的断面里面有几个被染红的部分。这就是凤仙花的导管。

但如果仔细观察百合和凤仙花的茎，我们又会发现一个更有趣的事实。那就是，这两个虽然都是植物的茎，但它们的断面却是不同的。

凤仙花的导管和筛管很有秩序地环绕排列在一起；但

是百合的导管和筛管，却是不规则的、纷繁杂乱地呈散开状的。

像凤仙花那样，维管束规则排列的植物，是有2片子叶的双子叶植物；而像百合那样，维管束不规则排列的植物，是只有1片子叶的单子叶植物。

除此之外双子叶植物和单子叶植物还存在很多差异。比如说，双子叶植物是主根与侧根粘在一起的；而单子叶植物却只有须根。再比如，双子叶植物因为有形成层，所以它会长得比较粗壮；而单子叶植物则因为没有形成层，所以长得都比较纤细。

"难道就没有更简单的区分方法吗？"

当然有。只要看一下植物的叶子就行了。单子叶植物的叶子都比较纤细，且都呈平行脉；而双子叶植物叶子都很宽大，且呈网状脉。

凤仙花茎的横断面与竖断面
导管与筛管环绕排列在一起。导管在里侧，筛管在外侧。染红的部分就是导管。

维管束，是指植物的根、茎、叶里面的通路。由输送养分的筛管和输送水分的导管组成。
形成层，是指导管部与筛管部中间的细胞层。双子叶植物是有形成层的，而单子叶植物就没有形成层。

31

制作彩虹色花束

"朋友过生日，我想送给他彩虹色玫瑰花束作为礼物！"

这个想法很好啊！一定会很特别。你不是已经做过红色的百合了吗？我相信你能很容易做出来的。

只要先买来一些新鲜的白玫瑰，之后再把它们分别插入已经染成各种颜色的插花瓶里就可以了。等过段时间，这些白玫瑰的颜色就会逐渐改变，最终变成真正的彩虹颜色了。

这里有一个问题！难道说，在花市里卖的具有特别颜色的那些花，也都是用这种方法做出来的吗？比如，蓝色玫瑰、紫色康乃馨等。

其实，这些花都是通过转基因技术制造出来的。原本玫瑰和康乃馨是不存在产生蓝色或者紫色基因的，所以根本就不可能长出这些颜色来。

树叶拓片游戏

　　由根系吸入的水分，通过茎的通路，会源源不断地输送到上面。但它又是怎么均匀地传送到树枝末端的每一片树叶上的呢？这个问题，只要让我们一起来做一次树叶的拓片游戏，你就会明白了。

　　随便找一片叶子。在树叶的背面放一张纸，然后用彩笔或蜡笔在那张纸上轻轻地涂上色；或者在叶子背面染上色后，直接印到纸上也可以。

　　"呀，在纸上能清晰地看到，伸展出了粗细各不相同的线条啊！"

　　原来用肉眼看不清的，这下可以看得一清二楚了。

狗尾草叶子的拓本
狗尾草的叶脉是平行脉。
纵列长着叶脉是平行排列的。
玉米、稻子等的叶脉也都是平行脉。

鹤顶草叶子的拓本
鹤顶草的叶脉是网状脉。
中间有一支长叶脉，依附在这个长叶脉，脉络像树枝形状向外展开着。
扁豆、凤仙花、蒲公英等的叶脉都是网状脉。

　　这些线条就犹如形成叶子的骨骼，我们叫它叶脉。

　　想要更仔细地观察叶脉的话，就去看一下昆虫们啃食过的叶子吧。因为，昆虫们只挑选又嫩又软的叶子去啃食，最终会原封不动地留下又硬又结实的叶脉。

　　叶脉不是单纯的线条，而是输送从茎中汲取的水分和养分的管子或者说是通道。所以在叶子的部分，叶脉起到茎上的导管和筛管的作用，就如同人体内的血管一般。有了四通八达的叶脉，才会把水分和养分一一地输送到树枝末端的每一片叶子上。

植物也会流汗！

因为植物是活着的生命体，所以它也会呼吸。那么，它是怎么呼吸的？如果用显微镜仔细去观察叶子背面，你就能很清晰地看到像香蕉形状的东西。这就是气孔。

植物们就是通过这个气孔把从根部输送上来的水分散发到空气中去的。阳光越强烈，风越大，向外散发的水分就会越多。据说庞大的植物，一天就能散发数百升的水分呢。

它们为什么把根系辛苦汲取上来的水分重新散发到空气中去呢？因为植物们要维持适宜的水分与体温。在闷热的夏天里，人和动物不也是会以流汗方式来维持适宜的体温吗？植物们也是一样的。当阳光强烈照射的时候，它们会把自己体内的水分化为水蒸气，散发到空气中去。这就叫作蒸腾作用。

在显微镜下的叶子背面
气孔多存在于叶子背面。
这样才能根据光照来缩小水蒸气的扩散量。

在显微镜下看到的气孔
气孔不断地进行张合运动，在吸入二氧化碳的同时排出氧气。蒸腾作用也是通过气孔来实现的。

从根系吸收水分与养分，也是由蒸腾作用推动的。

你问我，怎么才能知道植物是不是在发生蒸腾作用？只要通过简单的试验，我们很快就会知道这个答案了。

准备两个差不多大小的植物茎，其中一个正常放置，把另一个茎上的所有叶子都摘除。然后，用透明塑料袋将它们分别套住，再用线捆住封口放置。过了一段时间后，你猜两个塑料袋里的茎，都会有什么样的变化呢？

"长叶子的这一边塑料袋里，结了很多水珠。"

是的。这说明从叶子上蒸发出来的水蒸气，在塑料袋上结成了小水珠。有叶子跟没叶子就是不一样的吧？通过这个实验，我们可以知道，植物们是利用叶子向外散发水蒸气来进行蒸腾作用的。

保留着叶子的植物

没有保留叶子的植物

植物也是加湿器！

植物们的蒸腾作用，会给我们带来很多益处。都有哪些益处呢？只要我们去一趟树木茂盛的森林，你就知道了。

"一进入森林，感觉好凉爽啊！"

是的。在炎热的夏天，一进入郁郁葱葱的森林，我们马上就会感觉到既湿润又凉快。森林里的温度比外面会低3~4℃。这是因为，植物们在通过叶子向空气散发水蒸气的时候，也会大量吸收周边环境的热量。

请注意，从植物叶子里散发出来的不是水，而是水蒸气。如果从叶子里散发出来的不是水蒸气，而直接是液体的水，那就可能不会感觉到这么凉爽了。

无论什么物质，从固体变成液体或从液体变成气体的时候，都需要消耗掉很多周边的能量。所以，植物在向空

气中散发自身体内的水分，并把它变成水蒸气时，会大量吸收周边的热能，并以此来降低周边环境的温度。

我们平时在家里面，也会得到蒸腾作用给我们的生活带来的诸多益处。比如，到了寒冷的冬天，因室内暖气或空调的原因，变得很干燥，所以我们不得不打开加湿器进行调节。但是，如果我们把一些植物放在客厅里，就不需要开加湿器了。这就是因为植物们会向室内空气中散发水蒸气。尽管它们散发出的量不是很大，但也会让我们受益匪浅的。

我们在城市的道路两旁种植了很多林荫树，这也是为了缓解盛夏酷暑之中的闷热。据说，一棵成年法国梧桐树，就相当于8台空调同时运转的效果呢。因为它们具有这样巨大的节能减排效应，所以植物们被人们誉为"气候调节者"。

用阳光给植物做"饭"

树林里的空气总是格外清新，这是因为植物还能起到净化空气的作用。植物们充分张开叶子上的气孔，大量吸入二氧化碳，呼出的却是充足的氧气。为什么会这样呢？

原来，植物们的生长离不开我们呼出的二氧化碳。这是因为，二氧化碳是植物们的"饭"中所必需的一种物质。植物们每天为了给自己做一顿"可口的饭"，都要用叶子需要吸入大量的二氧化碳，再用根系汲取很多的水分。但仅仅只有这些还不够。还要有必要的能量。猜猜这会是什么呢？

"是阳光？"

没错！树叶为了更好地把二氧化碳和水分混合起来，制造出更有营养的物质成分，就需要从阳光中获得能量。

这就叫作光合作用。光合作用的意思，就是"利用光来合成"。植物们就是通过这样的光合作用，不断地来为

人类

人类是需要用植物们散发的氧气来呼吸的。

自己做着"可口的饭菜"。

　　植物的饭菜是什么样？如果折断植物的茎，你手上就会沾到黏黏的液体。这就是植物们的饭。正确地说，叫作糖分。当然，除了糖分，里面还会有别的一些化学物质混合在一起。

　　植物们在通过光合作用，造出糖分的同时，还有一个更重要的产出物，那就是氧气。如此说来，原来这些氧气是植物们光合作用之后所剩下的废弃物啊！但它却是我们呼吸的生命之源！大自然真是奇妙啊！

叶子
它利用阳光和水，还有二氧化碳，
来制造氧气和养分。
氧气又被重新排入空气当中去了。

植物的茎
它把从根系汲取的水分与
养分，输送到叶子上。
再将从叶子上制造的养
分，输送到植物自身的每
个部位。

根系
汲取土壤中的水分与养分。

令人流涎的美食植物

　　植物们把通过光合作用得到的糖分用作什么呢？它们会把这些糖分输送到自己的根系、茎、枝干等部位。所以它们才会自然生长，才会绽放出五颜六色的美丽花朵，才会散发出令人心仪的香气来。

　　当然，如果一时用不完这些糖分的话，它们也会把这些糖分储藏起来，以备不时之需。其主要途径，是把这些糖分转化成淀粉来储藏。其中，具有代表性的植物有地瓜、土豆等。另外还有，甘蔗把自身大部分多余的糖分转化为高甜度的蔗糖来储藏；大豆则把它转换成高蛋白质来储藏。

　　还有我们每天都在吃的米饭。稻谷会把通过光合作用制造出来的营养成分中多余的糖分，转化成很密实的淀粉来储藏。植物们这样储藏起来的营养成分，是动物们的食物来源。因为，与能自然制造出营养成分的植物们不同，动物们是无法自己制造营养成分来的。所以，动物们才会去吃植物，或者只有去捕食那些啃食植物的食草动物才能活下去。这样看来，是植物把我们养大的呢。我们是不是应该对这些植物们怀有感恩的心呢？！

地瓜
它把自身多余的营养成分转化为淀粉来储藏。

稻谷
它也把自身多余的营养成分转化为淀粉来储藏。
只把稻种的外壳脱掉，叫作玄米；
若要把内皮也脱掉，那就叫作白米了。

甘蔗
它把自身多余的营养成分转化为糖分极高的蔗糖来储藏。
我们会把这些进入植物茎里的甜水作为原料制作成各种各样的糖。

豌豆
它把自身多余的营养成分转化为蛋白质供我们食用。
它富含蛋白质哦。

普利斯特里，是他找出了植物释放氧气的事实！

英国科学家普利斯特里，通过一个实验找出了植物释放氧气的事实。他把点燃的蜡烛，分别放入两个玻璃钟中，其中一边放入鲜绿的植物；另外一边放入了活鼠。等过一段时间后，观察发现，放植物的一边植物还是依然保持鲜绿，里面的蜡烛也没灭。但是，放入活鼠的那一边玻璃钟，里面的那只老鼠已经死亡，蜡烛也熄灭了。普利斯特里从中认定，是因为植物产生并释放了氧气，所以蜡烛没有被熄灭，而且还能继续燃烧。于是，他又做了一次观察实验，在玻璃钟里同时放入活鼠与植物。令人惊奇的是，这次植物与活鼠，都没有死掉，奇迹般都存活了下来。最终，普利斯特里得出了植物能产生和散发氧气的结论。

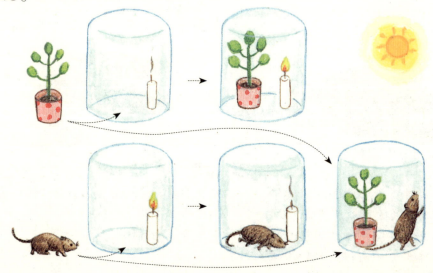

进入树林为什么会有凉爽的感觉呢？

那是因为，从树木上会排出一种能杀死周围微生物作用的物质。这种物质叫作植物杀菌素（phytoncide）。植物杀菌素，虽然能杀死周边的细菌和微生物，但是对动物和人类反而很有益。它能抑制压力荷尔蒙的分泌，所以能起到安定心理的作用；同时它还能强化心肺功能。植物杀菌素会自然挥发到空气中，那种微香温馨的味道，会令我们的心情立刻舒畅起来。随着植物杀菌素被大家熟知和认可，目前，越来越多的人都非常热衷于去做森林富氧浴。

为什么树叶会是绿色的呢？

这是因为，一片树叶是由数千个细胞构成的。而每个细胞里，又是由数十个叶绿体组成的。再加上每个叶绿体又是由可以显示出绿色的叶绿素组成的。

第3章

除了授粉，我什么都不知道啊！

花为什么要开出漂亮的花朵，
还能释放出好闻的香气来呢？
这一切都是为了诱惑昆虫，
得到授粉！
"我有好吃的花蜜，请来我这里吧！"

花儿为什么会开？

　　每当我静静地看着花的时候，心里就感到非常的舒服，心情也会变好。这世上，像我这样的人可能会很多吧。因为世界各地都有樱花节呀、郁金香节呀、玫瑰花节……各式各样的花卉节。

　　花不仅能使人心情变好，还能治疗一些轻微的疾病，所以非常有益于人们的身心健康。你或许也听说过有一种叫"花朵疗法"吧！顾名思义，就是说用花朵来对一些疾病进行康复治疗。

　　听说，如果重病患者看到盛开的花卉，他就会从心理

上得到莫大的安慰，因此病人康复的概率会大大提升。人们就是看到了这种神奇效果，才开始把这种花朵疗法运用到临床医学治疗方面上来。

例如，用康乃馨的柔和香气来平复病人的兴奋；苍兰的清新香气，则有益于降血压。很多人去探病的时候，会买新鲜的花卉或买生机盎然的盆栽，可能都是这个道理吧！

但是植物们可不是为了人类才开花的。植物们开花，它只有一个原因，那就是为了吸引"媒人"，来为自己"授粉"。什么是授粉？现在就让我来给你详细地讲讲吧。

花的构造，想知道！

如果想听关于授粉的故事，就不得不先讲讲花粉了。

在闻花香的时候，有时鼻尖上沾过像面粉一样的东西吧？摸起来像面粉一样，特别细软的东西，那就是花粉。

雄蕊上一般覆盖着数千个花粉粒儿。什么，不知道什么是雄蕊？那就让我们从花的构造开始逐渐去了解吧。

先摘下一朵花，翻过来放着。是不是看见了花瓣下方绿色的像小叶子一样的东西了吧？这叫作花萼。是起着托举花瓣的作用，是花的保护器官。

然后用手指头一片片地摘下花瓣。不只是上部分，还要从上到下，完全摘掉。好的，都摘了吧？现在剩下的部分，就是雄蕊和雌蕊。这是花朵最重要的部分。

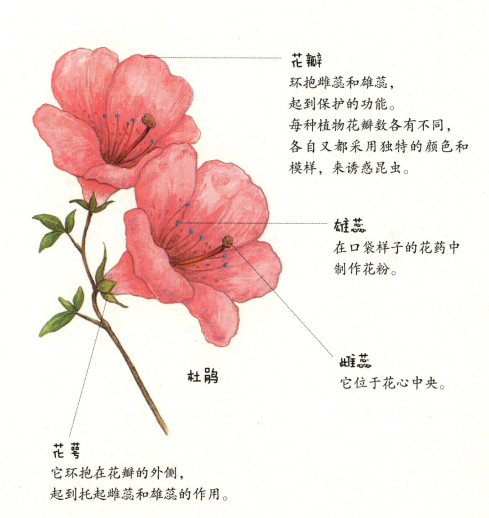

花瓣
环抱雌蕊和雄蕊，
起到保护的功能。
每种植物花瓣数各有不同，
各自又都采用独特的颜色和
模样，来诱惑昆虫。

雄蕊
在口袋样子的花药中
制作花粉。

雌蕊
它位于花心中央。

杜鹃

花萼
它环抱在花瓣的外侧，
起到托起雌蕊和雄蕊的作用。

种子是怎样产生的呢？

现在开始讲讲，为什么说雄蕊和雌蕊很重要。嗯——要怎么说才能更容易让你理解呢？对了！用人来比喻吧，这样就容易理解多了。

花也像人一样，分为男性与女性。那么，哪些是男性，哪些又是女性呢？长得像棍子一样的是雄蕊，也就是男性。很长的茎叫作雄蕊茎，在雄蕊茎的顶端挂着的叫作花药。花药上覆盖着很多花粉。

如果仔细观察几个花蕊，会看到中间长着一个与雄蕊稍有不同的东西。这就是植物的雌蕊，也就是女性。用手摸一下雌蕊最上部的雌蕊柱头看看吧。

"啊，为什么是黏黏的呢？"

这是为了使花粉能更好地附着上面。花粉附着到别的花的雌蕊柱头上的过程，就叫作授粉。附着在雌蕊柱头上的花粉，随即会沿着雌蕊茎，向下滑落遇到胚珠。胚珠就在雌蕊茎的最下端的子房里。然后，胚珠里的卵子与花粉里的精子相结合成种子。这叫作受精。

花药
花药里面有很多的花粉。

雌蕊柱头
雌蕊柱头大部分都黏黏的，
所以，花粉很容易附着在上
面。

雌蕊的茎

雄蕊的茎

胚珠
与传粉的花粉生殖细胞
结合成新的种子。

子房
里面存有胚珠的部分。
当完成受精后，
子房就成长为果实。

哇，好复杂啊！

把花从侧面切
开，就是长成
这个样子的。

昆虫啊，快来帮帮我吧！

如果雄蕊上的花粉，没有接触到雌蕊柱头会怎么样呢？胚珠会在子房里左等右等，最终因没有等到花粉，等累了，就凋谢了。为了合成种子，一定要进行传粉。所以我家院子里的苹果树，它如果要想结果子，就需要其他地方的苹果树花粉，沾到我家院子里这棵苹果树的雌蕊柱头上才行。

"要怎么做，才能实现这一过程呢？"

聪明的植物们早就制订了一套非常好的战略计划。那就是利用动物这一"媒人"。用自身甜甜的花蜜与香气来诱惑可以随意移动的蜜蜂、蝴蝶、鸟类等。当吸吮到了花蜜且全身沾满花粉的蜜蜂、蝴蝶以及鸟类们，又飞到比较

三色堇
花瓣内侧有黑色花纹。
就像引导昆虫们着陆的
机场跑道一样。

远的花园中去采食或采蜜时，它们就在不知不觉中，帮助了那些需要授粉的花朵，完成了传粉的任务。

你问我，那些媒人是怎么知道这里有花蜜的呢？秘密就藏在花里啊！

"我有好吃的花蜜，请到我这里来吧！"

植物们非常亲切又十分人性化地在自己的花上安置了一张"引路图"，在最能引起那些媒人们注意的地方。这就叫作"蜜点"。看到红百合花瓣上，那个像撒上黑芝麻一样的花纹了吧？三色堇上也有斑驳的花纹。这些都是"蜜点"。好让这些媒人们飞临到这里时，一下就能找到自己的蜜腺。

红百合
当花在绽放时，花瓣就会向外卷起来，
好让花蕊向外露出。
利用花瓣上深深印着的蜜点，
极力诱惑着昆虫，
仿佛在说，这里有世上最甜的花蜜哟！

杜鹃花
花瓣内侧印有紫色点。
好比是指引，
去寻找花蜜坛子的标识牌。

昆虫们都有自己喜欢的花朵！

像龙头草、玄胡索那样，长得细长的花，就很受蝴蝶和天蛾们的喜欢。因为，蝴蝶和天蛾们的嘴长得都比较细长，所以，能够很容易地吃到通路狭窄的花蜜。也有像荷包牡丹那样的，存有花蜜的部分直接外露在表面，因为能很容易吃到花蜜，所以会引来很多昆虫。相反，像风铃草那样向下低垂的花，除了蜜蜂以外，其他昆虫是一般不会到访的。那是因为，要想吃到这样向下低垂的花蜜，除了蜜蜂以外，其他的昆虫没有以花向下那个角度来飞行的能力。

风铃草

蜜蜂因为飞行技术高超，即使是向下低垂，以如此高难度的半空停留的飞行姿势，它也能如意地采到花蜜。

玄胡索

蝴蝶的嘴长得像竹管那样细长，所以专去寻找那些细长的花。但蜜蜂却不容易进入通路狭窄的花，所以一般不会去拜访这类的花。

也有自我实现授粉过程的植物

植物中也有把自己的花粉沾在自己雌蕊柱头的。这种现象就叫作自我授粉。其实，绝大部分的植物形状，基本长得都很难实现自我授粉。因为，一般情况下，雌蕊柱头要比雄蕊伸展得高，所以，总是向下滑落的花粉，要想沾住雌蕊柱头，本身就不是件容易的事。但是，这对于植物来说未必不是件好事。这是因为，实现自我授粉后，子孙跟父母都具有一样的基因，这样也就确保了遗传基因的单一性。

也有利用苍蝇来授粉的植物

巨花魔芋，就是以独特的香气来引诱昆虫来为自己授粉的。这种植物是用类似于尸体腐臭的味道来引诱昆虫的。所以也被称为"尸体花"。巨花魔芋之所以要散发出这么毒辣的气味，是有它特定原因的。那就是为了引诱周围大量的苍蝇来帮助自己授粉。

第4章

种子是从何而来的呢？

看到悬挂在冠毛上，飞向空中的蒲公英种子，

或"啪啦"一声，沾在衣服上的苍耳种子，

你也许会很好奇，

种子的旅行是从哪儿开始，

又是如何开始的呢？

现在，就让我们和种子一起去旅行吧！

令我好奇的种子！

就像在前一章学过的那样，你想亲手给花朵们授一次粉，是吗？

首先你要准备好一个棉棒。然后用棉棒摩擦雄蕊顶上的花粉。你看，棉棒上是不是覆盖上一层金黄色的花粉了呢？如果还没有完全覆盖上，那就再多摩擦一次吧。然后，拿这支棉棒去摩擦其他花的雌蕊柱头。这样，整个授粉的过程就算结束了！授粉之后，植物的花朵很快就会凋谢，随后就会结出果实来的。

一般来说，植物们的种子就包裹在果实里面。那么植物会有多少种子呢？还记得不久前，妈妈为了给你煮南瓜粥，把已经成熟得金黄色的整个南瓜切成两半的那件事情吧？

这些都是种子吗？

不同植物种子的个数各不相同。有像李子一样，只有一个种子的；也有像南瓜一样有好多种子的。

葡萄

李子

　　随着那个大南瓜"咔嚓！"一声被切开，你看着黄色的内部，满是南瓜子，你都惊奇得叫出声来：

　　"哇，有超过100个了！"

　　有像南瓜这样，长有很多种子的植物；也有只长一个种子的植物。

　　种子对于植物来说是非常珍贵的。因为那里面有它们"生命的萌芽"。这生命的萌芽，随即会传播到四处去生长。但是很可惜的是，有很多萌芽，在发芽前就或被动物们吃掉或没有能及时找到生根的落脚地而腐烂了。所以，聪明的植物们想出了传播种子的有效方法。

　　"如果能借助于风的话，种子就能飞得很远了。"

　　"还可以试着用好吃的果实来诱惑动物们啊！"

　　这个战略，果然会成功吗？

手一碰，哗！凤仙花种子

秋天，如果我们在院子里，安静地倾听，会听到什么声音呢？

哗，哗，哗啦啦！

好像是什么东西裂开的声音，又好像是什么东西在碰撞摩擦的声音。其实，那是已经成熟了的凤仙花种子们，像弹射出来的子弹一样撞到叶子上的声音。凤仙花的果实成熟后，就像手榴弹一样"砰"地裂开，向周围喷撒着自己的种子。

凤仙花的每条茎上都长着一朵花。而每朵花在凋谢后都会结出果实，每个果实里约有20粒种子。果实成熟后，豆荚裂开的瞬间，种子也会蹦出。

把花瓣和叶子用石头碾碎。
如果掺进去少许白矾的话,
颜色就会变得更加鲜红。

放在指甲上。要是在指甲周
围再涂上指甲油的话,
指甲上染色会更干净利落。

用塑料包好,
再用线绑上。

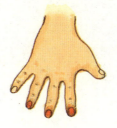

第二天早上醒来后,
你的指甲上就会染上鲜
艳的花色了。

　　已经完全成熟了的豆荚,只要轻轻一碰就会瞬间崩裂
开。所以凤仙花的话语是:"请不要碰我哟!"有的种子
甚至能蹦出去2米多远,这简直是一种神力吧?

　　从前,人们都相信凤仙花,既能阻止恶鬼的纠缠,也
能防止毒蛇爬进家门。所以,在庭院中的篱笆的附近种上
很多凤仙花。的确,凤仙花真的会散发出令毒蛇十分讨厌
的气味。

　　提到凤仙花,我又想起来一件事。那就是用凤仙花的
花汁来染色。这可是纯天然的方法呢!

蚂蚁搬运的紫罗兰种子

紫罗兰也是像凤仙花一样，凭借自己的力量传播种子的植物。你想看看紫罗兰种子能飞出多远吗？

首先剪下一个果实成熟了的花梗，把它插在一个空瓶子里。然后把瓶子放在宽敞的空间里，周围再铺上一层报纸。等种子飞出去后，再来测量一下种子落下的距离。虽因植物的种类不同，而其距离也会有所不同，但据说像日本紫罗兰这样的植物，它的种子可飞达2~5米之远呢。

"在树干上开花的紫罗兰种子，也会飞那么远吗？"

紫罗兰能在树干上开花，是因为蚂蚁们劳作的功劳。是蚂蚁们把紫罗兰的种子放到了高高的树干上的。那么，蚂蚁们又为什么要把紫罗兰种子放在那里呢？

我们如果仔细去观察紫罗兰种子，就会发现上面粘有又白又小的颗粒，这叫作"油质体"，是蚂蚁们最喜欢吃的食物。所以，蚂蚁们就会把紫罗兰种子搬回蚁穴，只吃掉它们最爱吃的油质体，却把口感不怎么样的种子扔到了蚁穴附近。所以说，只要是紫罗兰开花的树干上，就一定会有蚁穴。

　　其实，紫罗兰本可以自己扭动豆荚来传播种子，为什么还要多此一举地粘上油质体来诱惑蚂蚁呢？那是因为，与森林黑暗的地方相比，紫罗兰想把自己的种子播撒到能接收更多阳光的地方。

紫罗兰种子成熟后，
豆荚会张开。

裂开的豆荚会缩回去，然后
种子被挤出并弹射出去。

长得又小又白的颗粒就是油质体。
是蚂蚁们的最爱。

蚂蚁们把散落在地上
的种子搬回蚁穴。

挂着刺的苍耳种子

不能凭借自己的力量传播种子的植物们，决定利用能够自由行动的动物身体。

秋天，我们在原野散步的时候，满裤脚和鞋子上粘过那种小的果实吧？啪！啪！怎么掸也掸不掉，粘得好紧啊！如果我们通过显微镜来观察这些果实，你会发现，这些果实都长有像手指一样的几个小抓钩。类似于山蚂蟥、鬼针草、苍耳这样的植物。这种钩子似的刺，有很强的附着力，一旦粘上了，一般情况下是很不容易脱落的。

所以，动物们身上一旦被粘上了这样的果实，就只得带着它活动很长一段时间。就这样，它们从与母体分离的那天开始，一直到很远的地方才会落下，安家落户。然后再次长成新的植物。

山蚂蟥
果实边上长满了像挂钩一样的刺。

鬼针草
长得像针一样的每颗果实边上挂有3~4根刺毛。

　　这些果实被粘在某个人的衣服上，而这个人又恰好去乘坐飞机的话，那它就能移动到更远的距离了。这样看来，植物们悄悄粘在别的物体上，来传播种子的作战策略是不是很成功呢？

　　尼龙搭扣的发明，据说就是一个有心人，在留心观察这种果实钩子的模样后突发奇想地效仿出来的。你现在就马上低头，来观察一下自己的衣服或者鞋子上的尼龙搭扣带吧，就知道它们是如何效仿植物果实的挂扣模样了。

　　我小时候，曾经拿苍耳果实玩过有趣的游戏。在远处挂上一块大布帘，然后就往这块布帘上扔这种果实，看谁的果实在布帘上粘得多，谁就算赢。今天，你也跟小朋友们一起来玩一次扔苍耳果实的游戏，怎么样？

有很多鸟类，经常会把树上的果实整个吞掉。菩提树果实的大小，就正好符合黄尾鸲啄食。

请把我吃掉吧！菩提树种子

　　有些植物甘愿成为某种鸟类们的食物。其实，它们的真正目的，是想让这些鸟类来充当自己传播种子的运输工具。这种植物果实的大小，正适合鸟类啄食用的大小。但是，它们又担心在自己的果实成熟以前被吃掉，于是，它们开动了脑筋，异想天开地制订出了一套防御措施。它们让果实在完全成熟之前，果肉变得异常地苦涩难咽，这样就可以逃过一劫了。待果实成熟后，它们又会通过各种艳丽的颜色和怡人的香气，来诱惑动物们前来进食。

　　待它们把果实染成红色、黑色、紫色等五彩缤纷的颜色，再把香甜可口的果肉摆上了餐桌之时，鸟儿们就会争先恐后享用这些果肉。鸟儿们把柔软的果实吞进肚里进行消化吸收，然后带着那些硬邦邦的、难以消化的种子，飞往各地，以粪便的形式把种子排出体外，这算是对果实的最好回报了吧。

野葡萄果实
在野外森林的草地中，
像野葡萄那样，大小正适合鸟
类啄食的，结出小果实粒儿的
树有很多。

野蔷薇果实
鸟儿们很喜欢吃野蔷薇果实。
因为，
鲜红色更能吸引鸟儿们的注意力。

　　就这样种子随粪便一起被排到了地面上，它们从此也开始了新的生命。此外，鸟儿们的粪便又成了种子的最佳肥料。只要有充足的阳光和水分，就可以茁壮生长了。

　　鸟儿们有时会飞到很远的地方，当然也会远距离传播种子。这下，能理解为什么我家院子里会长野草莓了吧？可能是哪只鸟儿飞累了，落到我家院子里的那棵树上，它排出的粪便里，恰好就有野草莓的种子，于是就在我家院子里落地生根了。

　　在此，要对蝙蝠特别表扬一番。因为它对于植物们来说，是很值得感激的一位忠实、勤劳的种子搬运者。蝙蝠一天晚上能吃掉相当于自身体重4倍的果实。而且被它吃掉的果实种子，不到20分钟，就会随着它的粪便排到森林中的各个角落。对于植物们来说，没有比这更值得感激的事情了。

乘风飞舞的蒲公英种子

那些自身既没有传播种子的能力，又不能吸引鸟儿们来帮助自己传播种子的植物们，又该怎么办呢？比如像蒲公英那样的植物。没关系，聪明的蒲公英们想出了借助于风力的巧办法。

你可知道，植物们的感官对风是很敏感的。当种子即将成熟时，会把自己的花梗向风吹过的方向高高举起。因为这样能增加自己搭乘顺风车的机会。为了能更好地乘风飞行，种子自身的体积和体重是越小越轻越好。

蒲公英的种子就完全具备了这两个条件。观察蒲公英种子，你会发现它身上长着许多又细又软的小毛。这就是我们常说的冠毛。起风的时候，冠毛就像穿上了飞行服、长了翅膀似的，向着天空自由自在地开始了它的飞行。

在平时里，它们只是稍微拉伸一点花梗，待到种子即将成熟了的时候，才会用尽全力把自己的花梗高高举起。

当蒲公英的花凋谢后，剩下的冠毛就像我们最爱吃的棉花糖一样，毛茸茸、圆圆的十分惹人喜爱。"噗"地吹一下，冠毛上挂着的种子就会随风飞扬了。

松子

松球是松树的果实。当松球成熟时，原本整整齐齐地罗列起的一个个小块会自然裂开。

这时，在小块缝隙间的松子们就会一个个露出头来，借着风力随风飘走。

苦菜种子

在苦菜果实里面，有好几个黑色扁平的种子。每个种子上都长着像蒲公英那样的白色冠毛。

这是因为，与叶子和花相比，是为了要把自己的种子放在更高的位置，好让它们能够更及时有效地抓住顺风的机遇随风飘去。

松树的种子旁边，也长有类似于翅膀模样的构造。当一股劲风吹来的时候，就会像蝴蝶一样，翩翩起舞地飘浮在空中，等风力逐渐减弱，它就会落回到地面上生根发芽。

但是，为什么大树妈妈非要把自己像子孙一样的种子，送到那么远的地方呢？这个问题我们可以想象一下：如果每个大树妈妈一次性地把几百个甚至几万个种子，同时播撒在自己的怀抱下面，那它的怀抱下面可就热闹了！这些子孙们在有限的空间和地域里，为了得到更多的阳光和水分，彼此之间会产生非常激烈的竞争。而且在大树妈妈的树荫下想生根发芽，绝大部分的阳光被遮挡，即使是勉强得以存活下来，那也会因体弱多病、虫害多发，而最终无法茁壮成长。

乘风飞舞的种子还有这些特征啊！

很多借助于风力来传播的种子们，它们自身的结构都能最大限度地利用空气阻力的作用。在这方面，谁的自身条件越优越，谁就会在空中停留的时间越长，从而会飘得更远，落地时就会更稳，更容易找到适合自己生长的新家。我们就拿这方面高手之一的黑松来说吧。它的身上就长有螺旋桨一样的翅膀，既有助推远航的能力，也有在下降时，盘旋着缓缓降落的功力。这样的结构大大增加了种子在空中停留的时间，为给自己寻找更合适的新家创造了更多机会。

槲寄生是如何来传播自己的种子呢？

鸟儿们是非常喜欢吃槲寄生那黄灿灿的果实的。但是，它们的果实里面，满是黏黏的黏液。所以，鸟儿们在吃槲寄生果实的同时，很容易把它粘在自己的喙上。这时，鸟儿们就想把这既恼人又碍事的东西尽快去除掉，于是只能把自己的喙在树皮上进行来回的刮蹭。于是，黏黏的种子又牢牢地粘在了树枝上。等到来年春暖花开的时候，在某棵树的树皮上，很可能就会长出新的槲寄生嫩芽来了。

还有借助于水的流动来传播自己种子的植物

在水中生长的植物，大部分都会借助于水的流动来传播自己的种子。漂浮在水上移动的种子，它们的体形绝大部分都长得扁圆平坦。只有这样，才便于在水面上漂浮。还有的种子，为了使自己的身体能在水面持续长时间的漂浮也不会被水沾湿浸透，表面覆盖了一层类似蜜蜡的物质，起到完美的防水作用。还有更奇特的呢！比

如，像莲花和椰子树的种子，它们种子里有类似气囊一样的东西，这使它们很适合于漂浮在水面上。就这样，把自己的命运完全寄托于流水的种子们，总是期盼着好运的

到来。因为，只有好运气，才能给它们带来抵达岸边、发芽生根、再造生命的机会。但往往好运当头的种子并不占多数。有的被流水带进了茫茫大海里；也有的始终没能抵达岸边，而只能终日漂泊。我们熟知的荇菜，也是利用水来传播种子的。它的种子长得扁圆而平坦，还长有许多毛，能让它在水面上自由自在地漂浮。经过较长时间的漂浮，如果它能适时地抓住好运气的话，就会着陆生根发芽，开出更加金灿灿的艳丽之花来！

吓我一跳！
惊人的植物世界

第5章

每一种植物为了更好地存活，都制订出了自己的
一套生存战略。
纵观这些植物们的生存战略，无不让我们心中深
感心酸震撼！
今天，我要给你讲关于植物们令人心酸感动的故
事，你可要好好听哦！

嘘！植物的惊人秘密

记得我小时候的某一天，一大帮建筑工人拆毁了隔壁邻居家的一大片房屋，又开来大铲车把这里都给铲平了。说要盖4层楼的豪华别墅。但后来，都过去两年多了，也没见动工。对我们来说，这倒是个好消息，因为我们终于有了一块能开心玩耍的宽敞空地了。

但我们没有高兴得太久。因为这块空地里很快就有很多的"不速之客"。最初寸草不生的这块空地里，随着一颗颗不知何时何地而来的植物种子在这里争相生根发芽，最终整片空地简直成了植物百花园！

但令我没料到的是，植物惊人的能力远不止这一点啊！就像臭鼬放屁来保护自己一样，没想到，植物中也有

哇！什么时候长得这么茂盛了啊？！

像臭鼬那样释放化学物质来保护自己的。比如：洋葱。

我们都知道，把洋葱安静地放置在某个角落时，它几乎没有什么味道。但给它剥皮或用刀把它切开后，它就会放出辛辣的味道，甚至会让你流眼泪不止。那是因为从洋葱身上释放出的化学物质，强烈刺激了人们的泪腺。大葱和野蒜也都有这个功能。

你可能还不知道吧？植物中还有能捕食动物的呢！那些把根深埋在土壤里，只能在原地动弹不得的植物，是怎么捕捉能够自由移动的动物呢？这看起来的确匪夷所思，那就让我从现在开始给你讲讲，这到底是怎么一回事吧。先从植物释放的有关化学物质开始说起吧。

这里原本只是一片空地，如今完全变成了一片花园了嘛！

不是你种的吗？

砰砰，喷射化学物质！

我们在折野花时，手上曾经粘过黄澄澄的液体吧。这种黄澄澄的液体还有怪怪的味道。你嫌它很脏是吗？其实那只是从植物中排出的汁液。

下图中这种植物的名字叫作白屈菜，会渗出好像奶液一样的汁液。围着它圆圆的叶子，还长着四瓣黄色花瓣的花朵，着实惹人喜爱。它的茎上还长了一团很柔软的白色绒毛呢。

但是白屈菜上为什么会渗出黄澄澄的汁液来呢？那是它在分泌化学物质，向周围发出"不要来惹我"的警告。

折下白屈菜的话，茎上会渗出黄澄澄的汁液来。

牛或兔子这样的食草动物们之所以不愿意吃白屈草，也是因为这黄澄澄的化学物质哦。

再告诉你一个有趣的故事吧！白屈菜那黄色汁液，还有杀虫剂的效果。母燕子往小燕子的眼睛上涂抹白屈菜的汁液，也是为了能干净轻便地清洁凝结粘在一起的眼屎。如果不相信的话，就亲手用棉棒蘸上一小滴白屈菜的汁液，然后去轻轻擦一擦小鸡眼睛周围的眼屎吧，会看到惊奇效果的。

我们常吃的辣椒，会分泌一种叫作辣椒素的化学物质。它们释放辣味，为了使昆虫无法接近和啃食。像这样分泌化学物质的植物在我们周围还有很多。它们一般都散发出非辣即苦的味道，使得其他动物们无法接近自己，更不能吃掉自己。这也算是植物们的警戒语言，也是植物们保护自己的有力武器。

植物还能吃掉动物吗?

这回我们来说一说能吃掉动物的植物吧!讨厌的苍蝇或者蚊子经常会来骚扰你,导致连觉都睡不安生。这时我们该怎么办呢?马上喷洒杀虫剂或者躲进蚊帐里面睡就可以了吗?除了这些,我还有一个方法,就是在卧室里养几株捕蝇草,因为它是食虫性植物。

你也许很惊奇,也会很好奇,没有食肉动物那样的尖利的牙齿和强劲的爪子,它们又是用什么神秘武器来捕猎的呢?如果仔细观察捕蝇草叶子,就可以看到它的边缘长着许多尖尖的刺,捕食猎物的时候,只要两边的叶子快速合并,那些猎物就成了瓮中之鳖了,它的叶子就像猎食动物们的嘴。

苍蝇第一次触碰到感官毛,捕蝇草没有任何反应。

当苍蝇爬行到叶子的中间深处,第二次触碰到感官毛的时候,叶子才会悄无声息、神不知鬼不觉地准备合拢。

原来，捕蝇草能恰到好处地合并叶子来捕捉昆虫，全靠它叶子内侧伸展出的三对感官毛来控制。

猎物第一次触碰到感官毛时，叶子是不会轻举妄动地急着缩回去的。那是因为，昆虫还没有完全进入到叶子的中间包围圈呢。此时如果贸然合拢，昆虫警觉后就会溜之大吉，就前功尽弃了。当猎物第二次触碰感官毛的时候，看准时机两侧叶子瞬间合拢，猎物只好乖乖地束手就擒了。你知道它合拢叶子时有多敏捷吗？算起来，只需0.5秒！

它平时要把两边叶子一直张开着，就像姜太公钓鱼般地静静等待猎物，它的这种韧性确实令人惊叹吧？

当捕蝇草把猎物关进自己所设的陷阱后，就会用力收缩。其收缩的力量大得惊人，能把像苍蝇这样的猎物身体挤裂。叶子一旦合拢，就连人们都很难用镊子掰开。就这样，捕蝇草会迅速地把捕获的猎物溶化，然后一口气把它们的汁液吸干。而不容易被消化吸收的，诸如翅膀和躯壳等废弃物，就像我们吐鱼刺一样吐出来。

两侧的叶子完全合拢，只需短短的0.5秒。

消化一只活体苍蝇，它需要2周左右的时间。

为什么会捕食昆虫呢？

　　圆叶茅膏菜也像捕蝇草一样，是以捕食昆虫为生的植物。圆叶茅膏菜那勺子模样的叶子上长有数百根毛，而且毛的边缘，同样也会分泌出一种黏液。

　　如果苍蝇一旦接触到带有这种黏液的毛，会怎么样呢？它越是想挣脱逃走，就越会猛劲蠕动。这时，圆叶茅膏菜就会分泌出更多的黏液来紧紧地裹住它，直至苍蝇精疲力竭。

　　这种黏液的作用，不只是能抓住苍蝇等昆虫，它还有溶化昆虫尸体的作用。因为这种物质里含有消化液。圆叶茅膏菜会不紧不慢地把苍蝇之类的昆虫尸体溶化掉，进而细细地品味着大自然恩赐的美味和养分。

在叶子头上长着不算浓密的"毛发"，它可分泌出很多黏液。

因为这些"毛发"黏性很大，所以周围经过的小昆虫很容易被粘住。

那么，像捕蝇草和圆叶茅膏菜这样的植物为什么会成为捕食昆虫的肉食性植物呢？如果留心观察这些植物生长的地方就会了解了。这些植物多生长在积水滩或潮湿的沼泽、湿地附近。这些地方通风不好，与其他地方的土壤相比，又缺乏植物生长所必需的氧气与氮气。所以诸如捕蝇草和圆叶茅膏菜，这样以捕食昆虫为生的植物们，就决定以改变自己的食性来摆脱这些困境，从那些昆虫身上，获得自身生长所必需的营养成分。

以昆虫为食的植物，绝不仅仅是只依靠捕捉昆虫为生的。它们当然也像其他植物那样进行光合作用。但是如果很长时间没有捕食到昆虫，它们就会因营养不良，而无法茁壮成长。所以以昆虫为食的植物们，总是千方百计地去捕食更多的昆虫。

食物一旦接触到毛毛上，毛毛们就会悄无声息地缓缓缩紧起来，让那些自投罗网的食物们再也无法逃生，进而牢牢地把它们囚禁起来。这些毛毛要全部缩紧起来，需要花费2天左右的时间。

当猎物被完全囚禁后，植物就开始分泌大量消化液，在活体的状态下，把动物溶化吸收掉。

枫叶为什么会被染红？

　　每当我望着这些植物的时候，就会常常感慨岁月的无情轮回。温暖的春天到来之时，它们会争相发芽；在炎热的夏季，它们又会长得枝繁叶茂；到了秋高气爽的季节里，又会见到漫山遍野被染红了的漂亮枫叶……今天我想跟你说一说，有关枫叶的故事。

　　随着深秋的到来，人们纷纷来到深山原野，去观赏被染得色彩斑斓的枫叶，对大自然的鬼斧神工发出由衷的感叹。当然，植物们把自己的叶子染成五颜六色也是自有道理的。

　　枫叶被染红，是在为迎接即将到来的寒冬而做的第一步准备。随着气候一天天变化，受阳光照射的时间也逐渐变短。这时，为做好光合作用这份差事而忙碌了整个夏季的叶子们，好像也知道了自己的假期马上就要来临了似的，纷纷减缓了手头的工作。所以，叶子上叶绿素的量也自然变少了。

叶子上除了叶绿素，当然还有很多制造颜色的色素。随着叶绿素的量日趋减少，它也逐渐失去了光鲜亮丽的绿色，慢慢露出了它本来具有的颜色。这时，叶子们根据自身含有多少可以显示红色的花青素与可以显示黄色的类胡萝卜素的含量，来决定自己身上的颜色。

花青素是构成植物色素成分的其中一种，与植物中的其他化学物质相混合，会显现出各种颜色。
类胡萝卜素是广泛分布在动植物界的一种色素，它主要显现为黄色或橘黄色。

为什么落叶会枯萎?

人们为了度过漫长的冬季，会去腌制泡菜；动物们则是忙着脱去夏日里的便装，换上了厚厚的毛衣或者干脆去冬眠。那么，植物们为了过冬又会去做哪些准备工作呢？植物们的策略，是在冬天来临之前，驱赶自己身上的叶子。这就是落叶现象。

"如果没有了叶子，也无法进行光合作用了，那植物们不就因此而死掉了吗？"

你当然会有这种担心的，不过，请把心放在肚里吧。植物们在落下自己的叶子之前，已经事先在茎部和根部储

已经到了秋天啦!

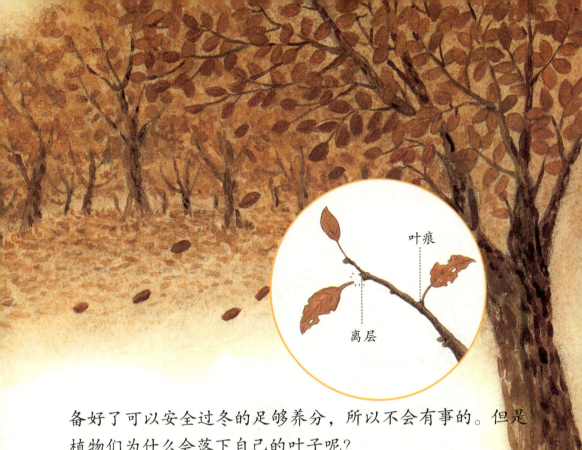

叶痕

离层

备好了可以安全过冬的足够养分，所以不会有事的。但是植物们为什么会落下自己的叶子呢？

到了漫长的冬季，随着阳光照射的时间被大大缩短，叶子几乎无法再进行光合作用了。相反，因为蒸腾作用，通过叶子继续散发出去的水分量却几乎没有什么变化。所以从某种程度来说，平日里通过进行光合作用，用来制造营养成分的叶子，这时对自己来说反而变成了拖累。这也是形成落叶的最终原因。

但植物们也不是胡乱遗弃自己的叶子。它们会先把叶子上有用的养分全部输送到茎部，然后为了使叶子更好地落下，在叶柄边缘制造叫作"离层"的组织。就像我们的身上出现伤口时，以结痂来防止细菌入侵一样，离层也是能够起到阻止微生物通过树叶掉落的部位侵入的作用。同时，也能防止水分蒸发。对植物们的这种超人的智慧，你是否感到很惊讶呢？

我们把粘在茎部的痕迹，叫作"叶痕"。

魔法袋子，冬芽

对于能够安全过冬的植物们来说，它们的手里还握有一张神秘的王牌。

如果我们去仔细观察已经落下树叶的山茱萸树，就能看到有很多又小又圆的东西粘在树枝上。用手去摸一摸它，感觉上面好像覆盖着一层柔软的棉毛。这是什么呢？

不仅仅是山茱萸树，有的树木还长着像鱼鳞一样的东西；也有的树木上还长着被一层厚厚的黏液包裹着的、圆圆的东西。这就是植物们为自己能顺利过冬而长出的冬芽。

这些冬芽，会紧紧地包裹着将要变成花与叶子的种子，让它们能安然度过寒冷的冬天。就像动物们在冬眠一样。就这样，等到来年温暖的春风习习吹来时，一个个的冬芽们，就会从睡眠中缓缓醒来，再伸一伸很舒服懒腰，争相破裂，在里面藏了一冬的花朵也露出了欢快的笑脸，树枝上又开始重新长出嫩嫩的绿叶。就像大自然这位魔法师，向我们一下子抖开了魔法袋子一样！

想早一点儿看到冬芽破裂的样子吗？可以先找来一根长有冬芽的树枝，然后把这根树枝插进装有水的花瓶里，再把它放在光照充足的窗台上。等过了几天，你就能看到一朵朵含苞待放的花朵了。

你很好奇冬芽里面的样子吧？那么，从周围随便找来一根长有冬芽树枝，把冬芽竖直切开来看看。壳里惊现出数十张的叶子和花瓣层层卷起来的一幕。这会是谁，又用了什么办法，把它们层层叠在一起的呢？大自然真是太神奇了！

木莲冬芽的断面
冬芽长在夏末到秋天的期间，里面包有第二年春天将要长大的芽。

植物啊，让我们一起来玩儿吧！

　　也许是因为从小就开始，每天和小伙伴们一起，在大自然中跟植物玩耍的缘故吧。所以我经常觉得，植物生长的样子跟我们人类生活的样子特别地相似。正因为这样，我对植物感到更有兴趣，也更加同情它们生长的每一步艰辛。

　　以捕食昆虫为生的植物们，不惜付出改变自己食性的代价来适应所处的恶劣环境而从不抱怨；山茱萸树生长出冬芽来战胜严寒；还有蒲公英为了向远方传播自己的种子，而竭尽全力举起花梗的样子……都让我的内心深处充满了震撼！

爸爸的礼物是三叶草戒指！

妈妈的礼物是树叶王冠！

　　实际上，我开始给你讲有关植物的故事，也是想与你一起分享这份感动。到现在为止，如果你认真听了这些故事，相信你已经对植物产生了浓厚的兴趣。

　　那么现在，就让我们来一起开始在周边找找我曾讲过的那些植物吧！也许在家附近的公园或者草地里，就能找到红百合、紫罗兰、一年蓬、凤仙花、白屈菜等很多植物。就这样一点点地去了解身边的植物，在不久的将来，你就会逐渐产生要自己亲自动手去寻找和迈开步子去探索其他更多植物的想法。好啦！今天就跟我一起去公园，先做一个三叶草戒指吧！

松树下为什么几乎不长杂草呢?

松树会释放出一种能抑制其他植物生长的、强烈的化学物质。这种化学物质非常强烈，别说是对松树下面的其他植物，就连作为自己子孙的其他小松树，也几乎无法存活。但不是只有松树才会释放出这种化学物质，几乎所有植物们全都会释放出抑制其他植物发芽、长大、繁殖的化学物质，来确保自己的平稳生长环境。

植物也像人一样，富有感情！

1966年克莱夫·巴克斯特在研究测谎仪的过程中，突发奇想地做过一次特别的实验。正好办公室角落里有一种叫作龙血树的植物，给这个植物连接上测谎仪后又浇了一些水。等过了好一会儿，一直在细心观察图表的巴克斯特，几乎惊叫了起来。因为那个图表上显示出了类似人类心情好或愤怒时候的反应。直到今天，还有很多的科学家一直在进行着试图阅读出植物感情的科学研究。

银杏树的果实为什么会散发出一股臭味?

银杏树散发出一股奇臭无比的气味，那是为了防止动物们吃掉自己的果实。银杏树的果实是由三层组成的。剥下柔软的外皮，中间就有我们即便是使用工具，也不容易分离的坚硬的中间壳。我们平日里喜欢吃的部分，恰恰就是这硬壳里面的果肉。银杏树的果实之所以能散发臭味，是因为外皮层中含有的有毒成分所造成的。这种成分不但能散发臭味，还很容易引起轻度的皮肤病。

落叶的掉落，也是有顺序的!

最先长出的叶子，往往是最晚掉落的；相反，最晚长出的叶子，会最先掉落。等到来年春天的时候，经过整个漫长冬季凋零的树枝，会从它的枝头开始先长出叶子。叶子是以从上到下、从外到里的依次顺序渐渐长出来的，直到夏天就变成了枝繁叶茂的大树。所以，落叶在凋谢的时候，是从里到外、从下到上的依次顺序开始掉落。就这样，枝头上的树叶当然是最晚掉落的。落叶掉落的依次顺序是与它的生长激素有关的。植物的生长激素，由根部和茎部等身体的末端生成，从这部分分泌的生长激素也是最充足的。所以，茎部末端的叶子是最晚掉落的。

找找看

开启了解植物的第一步

我敢肯定，你有过不止一次地拿着植物玩耍的经历。比如，折下一根狗尾草，淘气地往打盹的小伙伴鼻孔里搔痒；手捧着蒲公英鼓足了腮帮子用嘴去吹它，然后又去追赶着随风飘扬的种子。

你对我说，即使现在想马上拿植物玩耍，也找不到什么可玩的植物了呀？那就请你敞开自家的大门吧！或者到楼下的公寓周围走一圈吧！绿油油的植物马上就会映入你眼帘的。你问我，被柏油马路或者人行道砖块压着的路面上，怎么会有植物生长？当然会有的。还好有已经萌芽的蒲公英和紫罗兰是可以见到的嘛！

植物遍布地球的各个角落。这种生命体有着惊人的生命力。它们在土壤中、水中、滚烫的沙漠中，甚至是最寒冷的两极地区，都以各自独特的生存策略顽强地生活着。你是不是以为植物们的根，因为深深地埋在土壤之中，所以好像什么事都做不了呢？如果你真这样想过，那就错了。要知道，在这个世上，植物是比动物进化得更成功的一种生物。植物虽然不像动物那样可以到处移动，但它们能在某一个地方，踏踏实实地做着自己该做的所有事情。

如果这本书能激发你们去探知那令人惊奇而又神秘的植物世界的好奇心，那就太好了。同时也希望你们能更多地去学习植物方面的知识。说到学习，你们不要把它想得有多么难。要是从观察你们周边的植物开始，怎么样，能做到吗？我说的是，先从跟植物说话开始，然后再试着跟植物来个亲热的拥抱。

写植物日记也是一种很好的方式。就像平时写日记那样。著名的植物学者们几乎都有一个共同点。那就是，他们总是满怀着好奇心和如饥似渴的求知欲，写下了无数本的植物日记，并且坚持不懈地进行探索研究。希望你们作为"少年植物学者"，怀揣成为未来的植物学者的美好梦想，充满活力地迈出了解植物最关键的第一步！

每天拥抱着树木和它们聊天的崔守福

图书在版编目（CIP）数据

我的自然笔记. 多彩植物 /（韩）崔寿福著；（韩）郑淳
任绘；崔雪梅译. —沈阳：辽宁科学技术出版社，2016.3
　ISBN 978-7-5381-9333-6

　Ⅰ. ①我… 　Ⅱ. ①崔… ②郑… ③崔… 　Ⅲ. ①植物—
儿童读物　Ⅳ. ①Q-49

中国版本图书馆CIP数据核字（2015）第161742号

出版发行：辽宁科学技术出版社
　　　　（地址：沈阳市和平区十一纬路29号　邮编：110003）
印　刷　者：辽宁彩色图文印刷有限公司
经　销　者：各地新华书店
幅面尺寸：170mm×240mm
印　　张：6
字　　数：200千字
出版时间：2016年3月第1版
印刷时间：2016年3月第1次印刷
责任编辑：姜　璐
封面设计：袁　舒
版式设计：袁　舒
责任校对：栗　勇

书　　号：ISBN 978-7-5381-9333-6
定　　价：25.00元

投稿热线：024-23284062　1187962917@qq.com
邮购热线：024-23284502